典藏·新中式

中式餐厅二

中国林业出版社
China Forestry Publishing House

目录

Contents

六瑞堂原味餐馆
Six Rendon Flavor Restaurant

设计单位：香港东胜设计咨询有限公司　设计师：石龙贵

项目地点：湖南省株洲市

项目面积：750 平方米

摄 影 师：邓金泉

"六瑞堂"因地名而来，追求餐饮最本味是食客对饮食的新的变化，设计者在案例设计之初结合菜品之特点，进行构思及安排。

本案运用中式独特的构图手法，装饰力求简洁凝重，有意忽略"界面"的装饰，而在于从整体空间着手，突出空间的节奏韵律感，创造高质素人文空间和意义深远的意境。作品以大厅东西走向为主轴线贯穿整体，分层次、节奏性地南北展开；以此同时，南北方向也形成了几条次轴线。阡陌交通，往来自如，既解决了顾客分流及人流交叉的问题，又增添了景致。

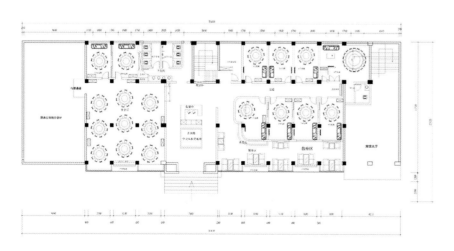

平面布置图

六朝御品
Liuchao Yupin
设计师：王帅

项目名称：南京六朝御品
项目地点：江苏省南京市
项目面积：850 平方米
摄 影 师：裴宁

　　本案地处六朝古都的南京市主城区，通过佛教为主题，利用不同时期南京的名称来命名餐厅包间，具有生动感和历史趣味性，让人印象深刻。

　　因为本案地处市区，所以室外环境不佳。通过将室外园林景观如（凉亭、雨廊等）引入室内，让人身临其境。在空间格局上将原始商铺三个楼梯合并为一个大楼梯，并将顶层楼板切开，做成了金字塔形阳光顶，让天光进入室内，照射在 12 米高的铜佛像上，更具视觉感。

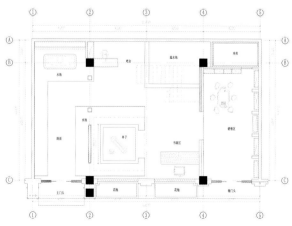

一层平面布置图

眉州东坡酒楼 · 苏州店
Meizhou Dongpo Restaurant · Suzhou

设计单位：经典国际设计机构（亚洲）有限公司　设计师：王砚晨、李向宁

项目名称：眉州东坡酒楼·苏州万科美好广场店

项目地点：江苏省苏州市工业园区徐家浜中新大道西229号万科美好广场三楼

项目面积：1666平方米

主要材料：加绢玻璃、手工青砖、青铜屏风

游苏州园林，最大的看点便是借景与对景在中式园林中的应用。中国园林讲究"步移景异"，中国文人造园更是试图在有限的内部空间里完美地再现外部世界的空间和结构。

本案以苏州古典园林为蓝本，遵循中国文人的造园理念，采用因地制宜，借景、对景、分景、隔景等种种手法来组织空间。撷取苏州园林最精髓的视觉语言——漏窗、游廊、屏风、檀扇、案几等，运用最具苏州特色的材料工艺——绢丝、青铜、镂刻、手工青砖等，以当代视角创新重组，共同营造出曲折多变、小中见大、虚实相间的充满诗情画意的文人写意山水园林。

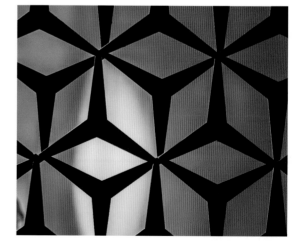

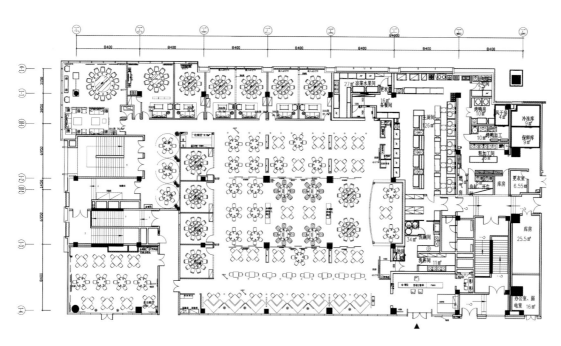

平面布置图

侨福芳草地小大董店

Xiao Daodong Roast Duck Restaurant

设计师：刘道华

项目名称：北京侨福芳草地小大董店

项目地点：北京市朝阳区芳草地

项目面积：400 平方米

主要材料：水泥、锈板、仿旧木作

小大董，位于优雅购物、艺文荟萃的"侨福芳草地"内。亦小或大，小文艺青年的惊鸿一瞥，摇不尽的繁花迷离，在唇齿之间，为自己找个家，留恋，回味。

小大董就好像大董的少年版，带着一丝青涩走出来的全新品牌，既文艺又带着大董精益求精的味觉体验。小大董给人感觉是中式风格里面带着怀旧及禅意的气息。聚落的架构理念，牵引着各区域的衍生。动线的韵律指引、及徽派建筑形式移入室内，仿佛我们行径在村落的小巷内，忘却世间百态，只留得一身"清"。小空间大智慧，外看简洁内看细节，虚实相生，加以当代艺术的配饰点缀，赋予空间摇不尽的繁花迷离。

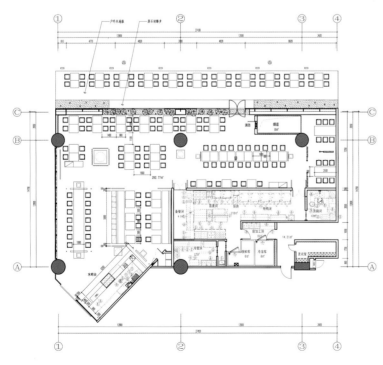

平面布置图

宁静致远
Silence Makes Distance

设计师：王晚成

项目地点：江西省南昌市
项目面积：1000 平方米
摄 影 师：邓金泉

餐饮空间在外围为节省成本又做到美观，钢筋混凝土的结构裸露在表面。木质作为外墙。云境崇尚生态，绿叶和古门都能体现古韵气息。

中西结合的时尚餐厅，空间的旧门为甲方早年间在乡下收集，餐饮空间大量运用早年间收集的材料，其他更多为淘宝材料。空间画布的挥洒、泼墨体现着宁静。灯光的运用恰如其分，宁静安详。墙面直接用青砖加白色石灰修饰，既做到了节约成本，又能大胆让人接近原生态。外墙的设计、空间布局错落有序，最大利用空间，座位紧凑有秩。

轻井泽锅屋
Karuisawa Restaurst

设计师：周易

项目地点：台湾省高雄市
项目面积：1170 平方米
摄 影 师：吕国企

　　本案正面宽近 20 米，因灯光而更显轻薄的石砌台阶之上，灯光隐约透出；让深色格栅轮廓更添层次，高挑的入口与主要情境造景皆安置于建筑左翼，以退为进的动线引人入胜。

　　室内宽敞的待客空间将近 1170 平方米，近 7 米的挑高，让设计者的创意同时拥有上下四方的伸展条件。大门入口前方规划柜台区，柜台基座以岗石雕凿，斜劈的斧痕辉映老木台面，彰显大自然的力道。内部整齐划一的行列式黑色卡座设计，以灯光隔板、兼具背靠和隔间意义的格栅屏风语汇，加上怀旧而浪漫的四柱床意象，衬着灯影型塑多个独立且舒适的小空间。

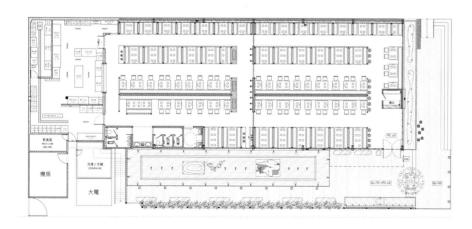

平面布置图

太初面食
Taichu Noodle House

设计单位：周易设计工作室　设计师：周易

项目地点：台湾省台中市

项目面积：599 平方米

主要材料：铁件、白水泥＋稻草、黑橡木、杉木、玻璃

摄影师：吕国企

　　走过主水景进入餐厅之前，右侧另有一座精致水景。入口处迎宾柜立面外观与台面，甚至厨房送餐柜台的超长台面，同样是引用大圆木的部份肢体，整段木头串连整个空间，用法不同且没有丝毫浪费，这是设计师的巧思，更是对珍贵物料的一份由衷敬意。

　　内部的用餐空间安静且素雅，视觉基本上是开扬的处理，交错融入东方的窗花画屏、日式的直列格栅，配合灰白泥墙、背景灯光等技法、素材运用，完成场域内虚实交错的界定，也让不同文化水乳相融的和谐，进入另一个层次。

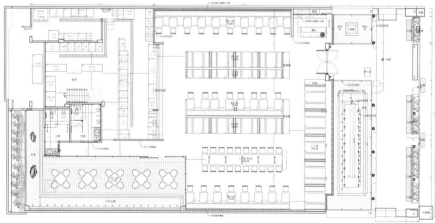

平面布置图

麓舍会所
Lushe Club

设计师：林鸿

项目名称：福州麓舍餐饮会所

项目地点：福建省福州市

项目面积：750 平方米

主要材料：仿古木、粗麻布、原石、青砖

　　本案位于山林麓间，环境优美、气候宜人，是一处安静舒适的隐世之所。设计中将传统的中式元素经过严格的筛选，恰到好处地运用于会所的各个空间；整体布局和搭配连贯统一，浓厚的传统韵味流露其中，形成了"麓舍"独有的感官享受。

　　穿过青石、灰砖布置的古色走道，便进入大厅。大厅门面并不气派华丽，却透露着简单随意的舒适之感。包厢布置各不相同，不论是推开哪间都能带来不一样的期待与惊喜。

　　中式风格在与现代审美不断融合当中，更加贴近真实的生活，亦能保持那份温厚的传统情怀。

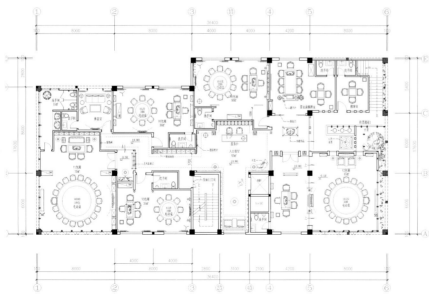

平面布置图

私人餐厅会所
Food House

设计师：赵睿

项目名称：葫芦岛食屋私人餐厅会所

项目地点：辽宁省葫芦岛市

项目面积：2101 平方米

摄 影 师：杨戈

本案的定位为：营造一个与环境融于一体的情感化建筑。设计师根据海边的地形面貌，以梯级线的设计手法来弱化建筑，让建筑更好的融入环境之中。保留了完整的植被，保持了原始生态而且让建筑更为松散自由，形成自然和谐的景观环境。

在室内的空间设计上，为了增加情感和体现生活的痕迹并与时间的交错，设计师将建筑周围的树枝、贝壳、破碎的陶瓷等再次设计融入到其中，增强自然气息和生活本身的亲和力。

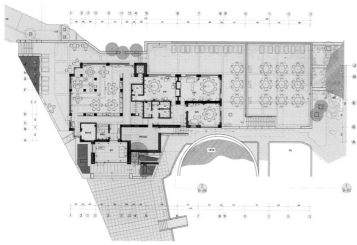

平面布置图

天意小馆
Tianyi Xiaoguan
设计师：王奕文

项目地点：北京市

项目面积：450 平方米

主要材料：老榆木、板材、彩色灯饰

摄 影 师：孙翔宇

本案是位于北京远洋未来广场的"天意小馆"作为京城百年老字号"天意坊"的分支品牌，创意私房菜的小馆。

设计师赋予此空间"时尚的殖民地"风格。木色老窗棂、柱廊，仿佛跻身于上个世纪 30 年代怀旧小资的建筑中来，并大胆采用了蓝色，粉色的跳跃颜色烘托时尚的风情。怀旧的柱廊的呈现某种意义上界定了空间的延续性，作为主要的动线承载着功能的作用。两边配以曼妙的黄色轻纱，将卡座区与散座区自然的过度过来。同时也解决了空间私密性的需求。

平面布置图

浙江隆荟
Longhui In Zhejiang
设计师 蒋建宇

项目地点：浙江省温岭市

项目面积：2800 平方米

主要材料：海马地毯 、斯米克瓷砖 、和心布
艺、立邦漆

在纷繁遭杂的社会环境中能有一个心灵放松的地方
是不容易的。本餐厅因地理环境的关系，所以如何更好
的做到内外相通融、如何更好的利用环境是处理空间的
重点。这个项目的创新点在于将外环境的整治，作为了
室内空间设计的一个重点补充及亮点。而空间参与者的
感观是通过内外景观观察点的连接而达到的。

餐厅经过改造使之拥有了会所的气质感。入口悠长
的道路，一再以悠美的景观绿化感动着来访者，而四合
院状的空间使餐厅拥有一个美妙的水景中庭，也使每个
包间都有一个亲近自然的阳光房。

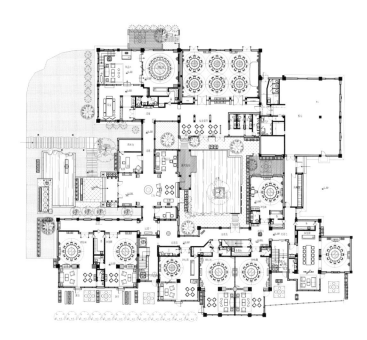

一层平面布置图

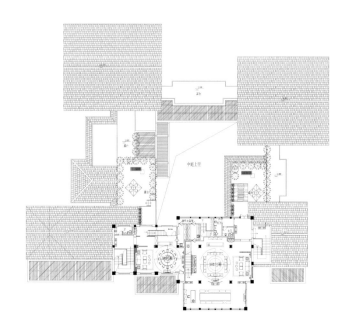

二层平面布置图

晋家门餐厅
Jinjiamen Restaurant
设计

项目名称：晋家门南京集庆门旗舰店

项目地点：南京集庆门

项目面积：1565 平方米

主要材料：青砖、老榆木、染色板、不锈钢

摄 影 师：蔡峰

设计师通过塑造建筑的形体来传达内敛、稳重而又粗犷的西北独有的气质。门厅融合建筑艺术，斜向走势的形体语言以青砖为载体，阵列排布并且结合木梁顶及细节的木质雕刻彰显出晋的庄严气质。

一层大厅的开敞设计，让视觉宽阔无阻，红色案几、蓝色吊帘、以及各种花艺对青灰色环境基色做了点缀。二层注重空间上的规划，外庭院利用现场四米的层高优势，独立的戏台感形式的设计融合京剧人物场景，营造出室外庭院的氛围。内外庭院由三间包房隔开，包房进门为半敞开形式，门对面的透明玻璃贴膜是内外庭院在空间上有所划分，但在视觉上通透，达到虚中有实。

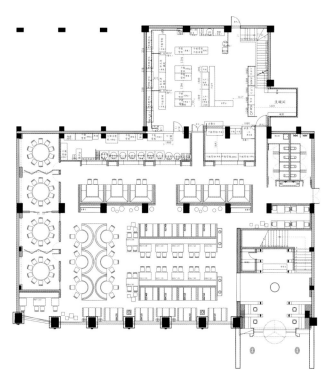

平面布置图

情境 · 謐境

Quiet · Situation

设计师·周易

项目名称：轻井泽锅物　高雄三多店

项目地点：台湾省高雄市

项目面积：351 平方米

摄 影 师：吕国企

　　幽邃的通道是室内与户外的交界，虽是简短的移动路径，却随处可见设计者的用心经营，上方实木格栅天花板，烘托错落的灯光轮番展演，并与地面古朴的旧化木地板相呼应，木质特性与横、直纹间的对比，调和出"轻井泽"独有的感官温度。

　　对开的桧木大门满是虫蛀肌理，门旁一对业主珍藏的石狮分踞内外，取男主外、女主内的象征趣味。内部多达三个楼层的营业空间，分别规划分区的舒适包厢卡座。一楼角落转上二楼的梯间，阶踏面大理石与墙上凿面岩片彼此唱和，穿插渐层木纹板美化的梯线剖面，在鲜明的阴暗光影间，放大写意的几何趣味。

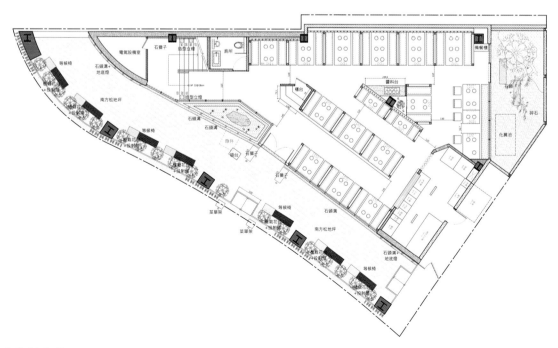

平面布置图

大明宫·福洋酒店
Daminggong · Fuyang Hotel
设计师：王颂

项目名称：大明宫·福洋酒店

项目地点：山西省太原市

项目面积：3300 平方米

　　本案项目地处唐代高祖李渊起兵之地历史名城太原，项目坐落在古汾河河畔景观绿地内，是融合现代与中国唐文化元素打造的高端餐饮会所，尝试从现代角度去呈现中华文化在审美上对瑰丽的理解。

　　时下大多中式风格大多作品以质朴，内敛，低调，素雅为共性。就这个项目希望能做个探讨与突破，去挖掘中式的瑰丽与张扬，尝试让世人重新认识中国建筑装饰文化艺术还有另外一面的特质 -- 瑰丽、绚烂，中式风格不是青砖、木格、质朴与素色。作品工艺用材上追求突破，地面石材应用大量嵌铜图案工艺，应用石材薄片覆贴工艺将玉石大块面制作门体。

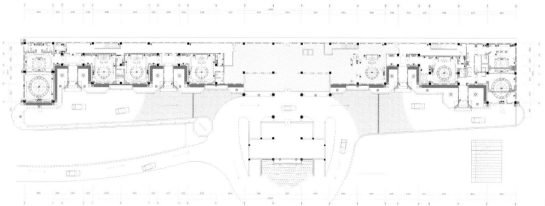

平面布置图

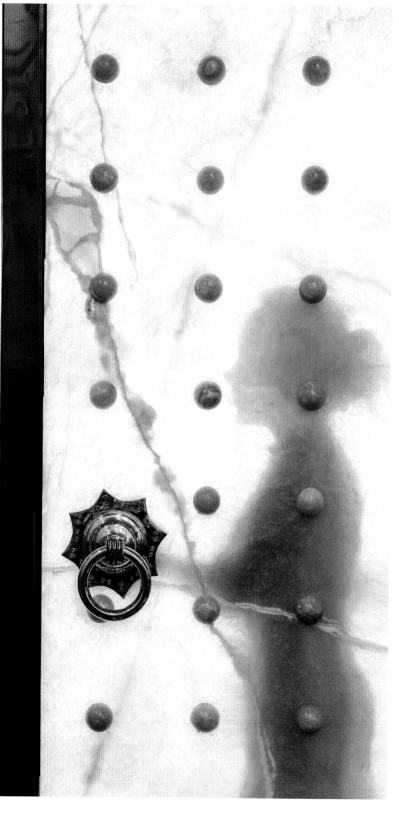

醉东方
Zuidongfang
设计师：施旭东

项目名称：唐会·醉东方

项目地点：福州市闽台 AD 创意园 4 栋

项目面积：600 平方米

　　置身其中，于有形无形之间开启中国传统文化的心灵悟性。其独特的表现形式营造了一种洋溢着浓郁人文气息的精神氛围，让人们找到某种精神的皈依。

　　走进会所内部，在一楼的会客交流空间中，设计师通过对传统文化的思考、延伸、致敬、改造、重生，使得空间仿佛是一场时空交错的舞台剧，演绎着过去与当下的精彩。暖色的麻布铺陈在若干墙面上，自然朴实的纹理沁人心脾。另一侧的墙面上则轻描淡写着古代文人的形象，绵延其中的人文精神削弱了元素间的冲突，彼此之间的适度差异让空间充满了生动，"恬淡中和、翰墨飘香"或许是对这个空间最好的形容。

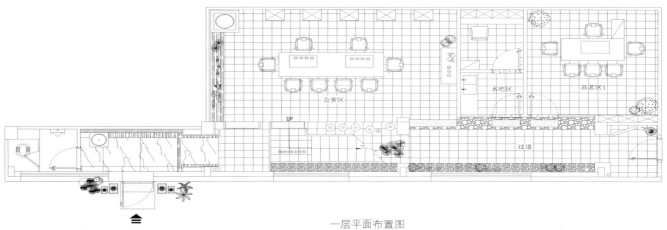

一层平面布置图

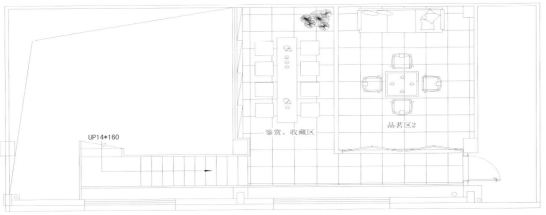

鉴赏、收藏区

品茗区2

UP14*160

二层平面布置图

大董·富春山居店

Dadong · Fuchun Shanju

设计师：刘道华

项目名称：大董·富春山居店

项目地点：北京市朝阳区工体东门

项目面积：7000 平方米

大董以一贯的雅致隽永，为北京的浮华落下了一座远山，一园净水，一染墨韵，一个聆听万物的心态。

本案采用苏州园林和皇家建筑的元素，在简约的空间与色彩中，加入时尚飘逸的手法，让食客体验一种全新的就餐环境。设计师用建筑手法来做空间设计，营造出一个博物馆的空间来呼应大董的意境菜。除了一贯的雅致外更融入了更多书画元素，由现代科技的手法自然地融入其中。

负一层平面布置图

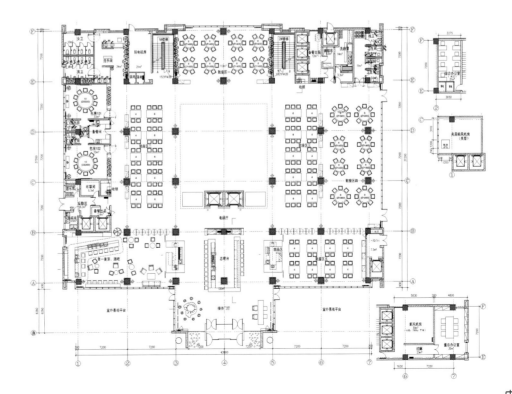

一层平面布置图

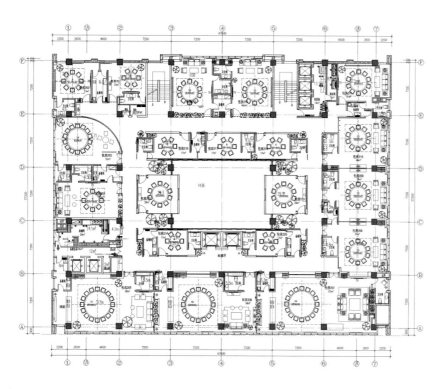

二层平面布置图

王家渡火锅·黄冈店
Wong's Hot Pot Restaurant
设计师：王砚晨、李向宁、郭艾涛

项目地点：湖北省黄冈市

项目面积：1900 平方米

主要材料：浪淘沙大理石、山水纹大理石、生锈钢板、橡胶木、金属网

摄影师：申强

　　"水光潋滟晴方好，山色空蒙雨亦奇"，隐逸于山水之中，这是餐厅所处环境对设计的灵感启发。通过合理保留与利用周边植栽，重新定义建筑和自然的关系，达到设计与自然的平衡。

　　室内空间的设计概念源自王家渡火锅的品牌核心理念，即渡口文化的重新演绎。于是有关渡口文化中的人文和自然元素演变为空间中的设计语汇。水纹、卵石、游鱼、水鸟、菖蒲、蓬船、栈道等视觉意象通过抽象化提炼，以不同的材质来体现。在空间中，金属、玻璃、石材、木材等传统材料成为新的载体，以创新的手法共同编织一幅悠然纯美的自然美图。

一层平面布置图

浙江荣庄
Rongzhuang In Zhejiang

设计师：蒋建宇

项目地点：浙江省台州市

项目面积：6000 平方米

主要材料：立邦漆、鹦鹉地板、天佑墙纸、
海马地毯

荣庄集餐饮空间和私人会所于一体，前者对外开放，后者则是极私密的非营业空间。项目定位是度假式餐饮。在设计上追求景观与室内的完美结合，打破室外、室内的心理界线，强调宾客的角色参与。

建筑的内部空间宽敞通透，整体空间呈现出后工业时代的粗犷厚重。简洁的内环境装饰展示出空间的有机性，让人成为空间的主体，让窗外的美景成为真正的视觉焦点，打破内外空间的阻隔与界线。室内空间由大量的红砖及水泥、未经打磨的土坯墙面组成，大幅的艺术品，粗犷的线条，朴拙的工艺，随处可见的艺术品，让整个空间更像一个艺术工厂。

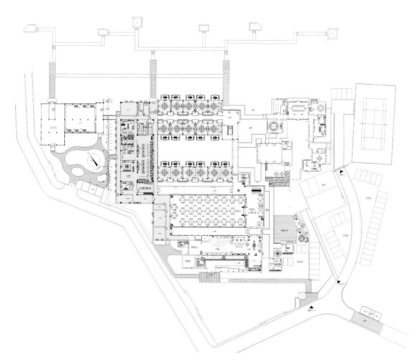

一层平面布置图

禅茶一味

Taste Zen

设计师：陈元甫

项目名称：余杭小古城餐饮

项目地点：浙江省杭州市

项目面积：550 平方米

主要材料：竹、竹木地板、藤编、中国黑花岗岩火烧面、壁纸、木格栅、松木、水曲柳饰面板

项目位于杭州余杭径山镇小古城村，餐厅以日式风格为主题结合径山寺的禅茶文化，为客人提供沉静、自然的就餐环境。

建筑布局以谷仓为单元的散落式的个体组合，形成自然的部落空间，室内设计在空间营造上强化谷仓概念和灰空间院落的营造，并能与外界的环境如茶园，稻田、竹林形成对话。内设计从整体氛围的营造到灯光的配置、家具的选型、布艺的颜色，结合当地的材料，来表现餐饮文化的"禅"与"茶"。选材上以本土材料为主如竹、藤、瓦、青石并运用传统工艺进行加工和运用，如夯土围挡的借用。

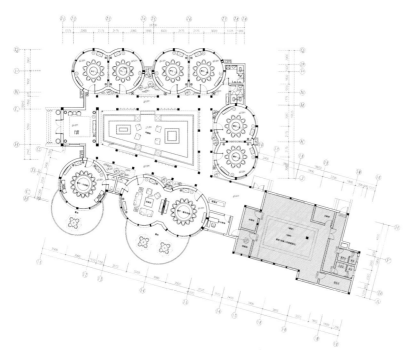

平面布置图

金海岸食府

Jinhai'an Club

设计师：吴伟宏

项目名称：石狮金海岸食府

项目地点：福建省泉州市

项目面积：3000 平方米

主要材料：硅藻泥、原木、岩石

本餐厅坐落于石狮黄金海岸，是个旅游度假圣地。金色的沙滩、波光粼粼的海浪，拍打着礁石，满载的渔家这幅画面浮现在设计初始的脑海，灵感的源泉贯穿整体空间。

餐厅分为一层及二层部分。一层为风味特色美食餐厅和小型宴会厅。二层为 VIP 包房。整体风格定位以闽南特色的渔村文化，传承了地方特色的文化特质。在空间营造上趋于简约明畅，同时亦在闽南特色渔村文化意蕴上有所彰显。

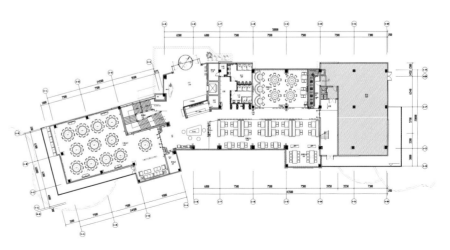

平面布置图

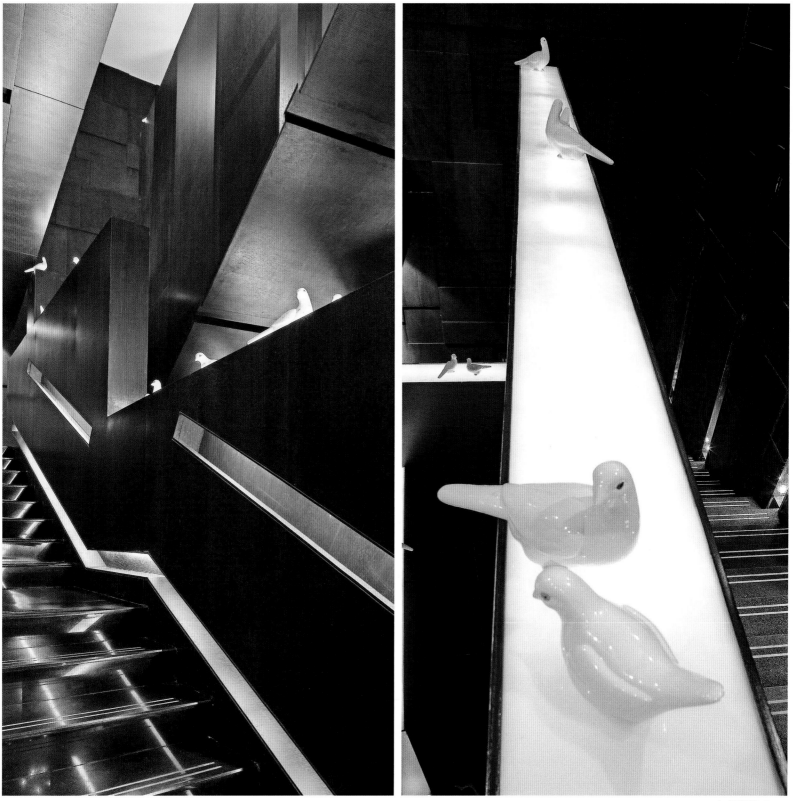

凯丽时尚餐厅
Kelly Stylish Restaurant
设计师：陈品言

项目地点：浙江省宁波市

项目面积：1200 平方米

主要材料：德国米黄、波音软片、樱桃木实木复合地板

在设计上摒弃了很多餐厅所喜好的华丽装饰，而是采用相对质朴与亲和的设计手法，用最为普通的材料去演绎空间，在此，"简"已成为一种空间气质，言简而意醇。

空间上以淡雅的色调，通透的隔断使空间呈现出大气的功能场域。在空间处理手法上以块面为主，大面积运用朴实感的竖纹木饰面，在纵向空间上延伸视觉；天花采用整齐有序的饰板，简单的灯具从饰板垂坠下来，不仅没有压抑之感，更尽显优雅的立体造型美感。地面以大理石和木地板规划座位区与公共区域，加之墙面以木料修饰，使整个空间流动着原木的质朴清香，更让空间在简单中求变化，变化中寻求统一。

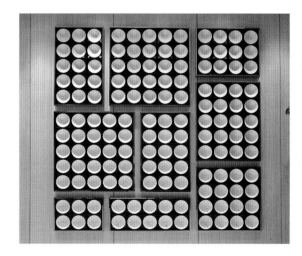

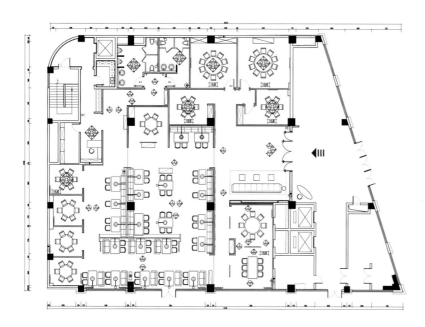

一层平面布置图

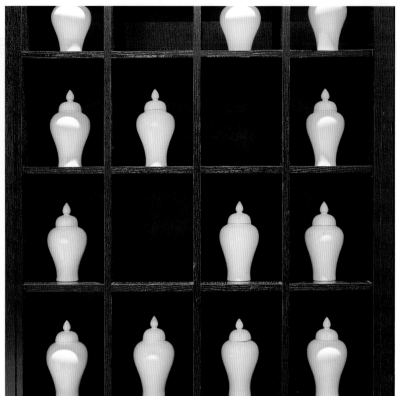

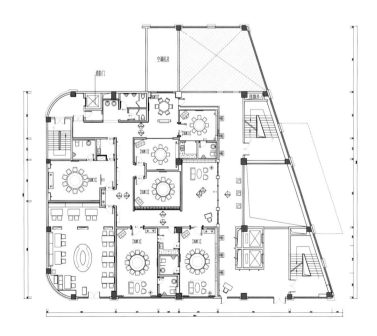

二层平面布置图

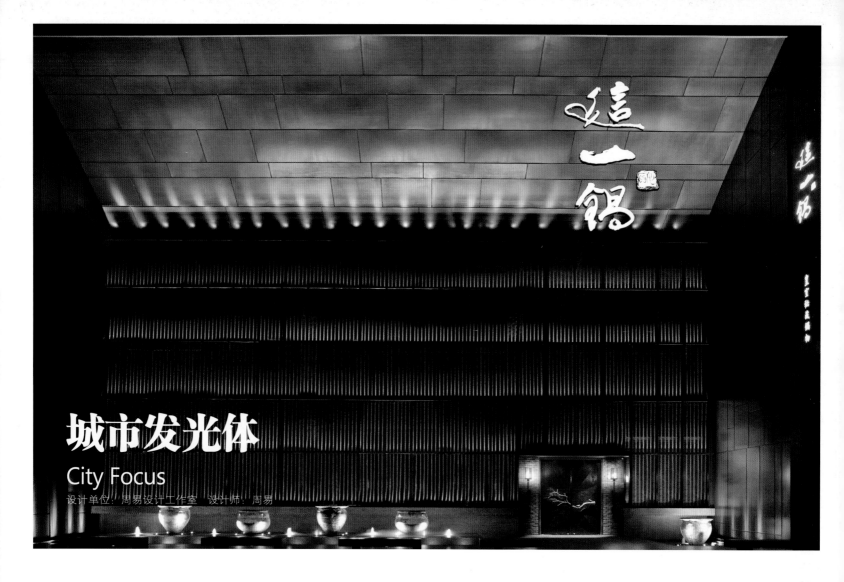

城市发光体
City Focus

项目名称：这一锅皇室秘藏锅物（台中朝富旗舰店）

项目地点：台湾省台中市

项目面积：525 平方米

主要材料：铁件拼接板、仿古砖、橡木染黑木皮、黑色烤漆玻璃

摄影师：吕国企

建筑立面姿态飞扬不羁的檐板造型，灵感取自古代帝王冕冠顶部的"延"，檐板外观与两侧墙面放锈铁般的古朴、时间感，透过素材的几何拼接，呈现皇城高墙的巍峨高耸，配合刻意牵动视线仰望的设计，诠释极度宏伟、沉稳的量体气势。

正面采用金属结构、玻璃、麻绳共构的细腻直列格栅，呼应底部向上投射的灯光。飞檐之下是开阔的前庭，自然而然让出一方沉淀情绪，踏上三阶分段点缀著简洁地灯的灯光踏阶，远望宛如呈托冕冠的基座，两侧以高低差打造沁凉的镜面水池，巨大朴拙陶缸、水、灯光，成射灯光魔术师溺爱众人感官的最佳媒材。

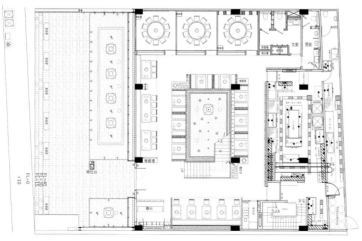

平面布置图

东方惊艳
Eastern Amazing
设计单位：周易设计工作室 设计师：XXX

项目名称：这一锅皇室秘藏锅物（中山店）

项目地点：台湾省台中市

项目面积：380 平方米

主要材料：文化石、大理石、白水泥＋稻草、喷砂玻璃、黑橡木洗白、钢刷梧桐木

摄 影 师：吕国企

位于台北市中山北路的"这一锅"，以中华饮食文化为出发，标榜将宫廷历史传说"皇室秘藏锅物"重现于现代，企图走出不同的经营定位。

入门处，则采用中国风的十字格栅，以半遮半掩迂回的方式，让原本外放高调的骑楼景观进入一个神秘而静谧的转折，如此铺陈，为的就是让路过的行人产生某种亢奋与好奇，进而诱发入内消费的冲动。店面外观不仅引人注目，内部空间同样令人惊艳。东方古董的接待柜台搭配文化石背墙、夹宣玻璃透光廊道、楼梯下营造的水景及风化石等点缀，试图用自然元素来冲淡华丽感，让空间释放出一点休闲放松的气息。

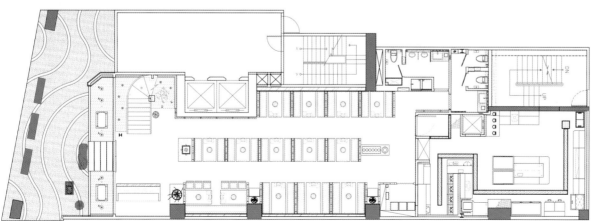

平面布置图

梅林阁
Mei Lin Ge

设计单位：中国（合肥）许建国建筑室内装饰设计有限公司

项目地点：安徽合肥

项目面积：260 平方米

梅林阁这个案子设计的特别之处就在于项目本身很特殊。主人买来这套住房后希望自己能够在这里接待一些志同道合的朋友，能和朋友们在这里共同吃饭用餐，推杯换盏把酒当歌，喝茶论禅，聊天谈心。在这个地方我们力求去营造一种蕴涵着一丝丝清凉的舒适宜人的环境，让人在拥挤的水泥丛式的建筑当中找到一丝丝自然之感。所以我们在整个的设计当中力求所有的东西看上去都是那么的自然、那么的古朴。

我们在每个地方都极力想去表达出此种境界，没有太过多地去苛求设计上面的程式化的语言表达。在梅林阁的设计当中它的最重要的一点还是看似无形胜有形的感觉，每一处处、每一个个细节都在向你诉说她的故事她的情感，总体来说她更像一首诗，缓缓道来，一句一句的，不多不少刚刚好。

入口的空间设计比较的特别，因为我们希望可以在一个狭小的空间内让人在通过汽车车流，到人群人流，到小区的拥挤，连坐上电梯都是狭小的空间而下来以后在18层首先找到的室外一片天地，所以我们在整个一层设置了一个小的会客厅和入口玄关接待。在二层设置有它的包厢和卡座就餐区还有一个天台，三层我们做了一个茶房茶室还有一个露天的天井的景观水台，从而达到一个连通一气的感觉使人在此空间能达到充分的放松。

宴遇·乡水谣
Banquet & Country Music
设计师：孙黎明

项目地点：江苏无锡市
项目面积：800 平方米

本案在调性定位上，以风尚主流人群身心诉求为核心。本案设计原初来自业主对"康美之恋"的情境感受——一个属于风尚阶层清新浪漫的美丽情愫，大面积的蓝色为色彩基调上营造了知性、浪漫、高雅、明快、清醇的时空感。

空间在完成业态布局等功能需求基础上通过色彩的运用、元素的演绎综合勾兑出一个故事性丰满的情感化就餐环境。

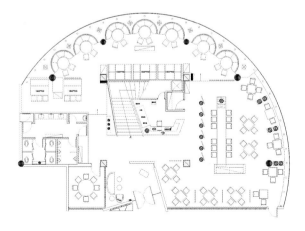

一层平面布置图

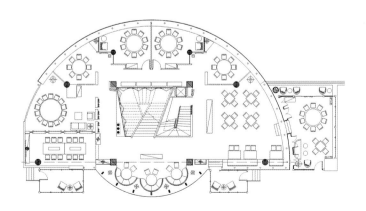

二层平面布置图

风尚雅集餐厅
Fengshangyaji Restaurant

设计单位：无锡市上瑞元筑设计制作有限公司　　设计师：冯嘉云

项目地点：江苏无锡

项目面积：1000 平方米

主要材料：松木风化板、橡木板、黑洞石、
　　　　　柚木色地板、黑钢板

本项目为多业态组合，风尚趋静的业态，为都市小资目标客群属地。所以在空间营造上趋于简约明畅，同时亦在文化意蕴上有所彰显。首先，非常规的楔形总平加上咖啡简餐、书店、创意产品的组合业态，决定平面布局与空间动线处理上，要采取相应灵活创意。于是，通过大量斜线切割手法，并在虚实相间的隔墙、仪式感强劲的条形水景的自然区隔中，使各自业态属性获得相对的独立感，又在视觉逻辑中行气浑然，隽永的基调得到通盘贯彻。其次，在文化诉求中，甄选了明清之间金陵八家之一的高岑的《江山千里图》进行了现代感的拼接，画风的简淡雅致，与清雅浑然的

色彩、材质表现，在形式上获得了高度一致，同时回归、知性、情调、个性的江南文化价值亦清晰展映，徒生了空间品质感。最后，在陈设运用上，强调了对立与和谐，突出空间表情的丰富性，如朴拙的瓮、石磨、卵石、斑驳的老木头、轻盈曼妙的织灯、纤细的干枝、生态的绿植、小巧的文人山水小品等。

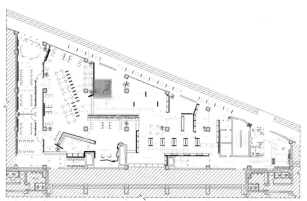

平面布置图

冬宫餐厅
Donggong Restaurant
设计师：刘红蕾

项目地点：海南海口

项目面积：713 平方米

主要材料：木材、石材

作为海口鸿洲埃德瑞皇家园林酒店中的重要餐厅，冬宫餐厅继承和延续了酒店整体现在中国的风格，处处透露出古老中国的文化气息。 本餐厅设计灵感来源于中国古代的一种物质观五行。将金、木、水、火、土五种要素，通过设计语汇进行空间内的艺术演绎。

设计力求通过对传统文化的认识，将现代元素和传统元素结合在一起，以现代人的审美需求来打造富有传统韵味的事物，让传统艺术在当今社会的到合适的体现。保障每间餐厅的尊贵感和私密感，同时在墙面设置了大尺寸的落地窗，可将室外的美景轻松引入室内，使得室内外空间形成完美呼应。充分汲取中国

文化中极具特色的元素，通过丝、木材、石材的巧妙组合，营造出了一种静谧的软空间，让人不禁有回归自然、思想超脱之感。

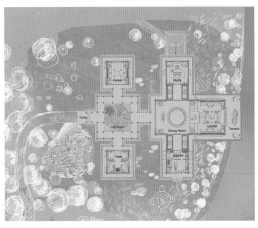

平面布置图

轻井泽 公益店

Eastern Zen Karuisawa Restaurant

设计单位：和易设计工作室　设计师：周易

项目地点：台湾台中市

项目面积：1117.3 平方米

主要材料：铁件、铝格栅、文化石、
　　　　　铁刀木、南非花梨木、玻璃

建筑要有意义，不仅在乎工艺内容；更仰赖整体文明、历史、气质的传承。本案延续古朴宏伟的建筑特色，除了静谧禅韵；更多了一份源自悠远中国的人文深度。

基地座落两路交会的角地，锐角斜切后成为六角形入口与主要店招的展示面，在基地因应地势略行垫高的基座上，超过 7m 高的三面黑灰色建筑外观非常有特色，首先是大面铸铁精工打造的倒 L 型店招 + 雨遮，店招正面嵌上书法名家挥毫的巨大白色"轻井泽"铁壳字，夜间在灯光衬托下视觉张力格外鲜明。沿着架高基座外缘为兼具等待区机能的木栈景观步道，步

道与建物之间规划镜面水景，点缀嶙峋的巴东石、烛台灯和蒸腾水雾，并贴心设置别致长凳可供来客小憩。

图书在版编目（ＣＩＰ）数据

中式餐厅 Ⅱ /《典藏新中式》编委会编 . —— 北京：中国林业出版社，2016.1
（典藏新中式）（第二辑）

ISBN 978-7-5038-8160-2

Ⅰ . ①中… Ⅱ . ①典… Ⅲ . ①餐馆－室内装饰设计 Ⅳ . ① TU247.3

中国版本图书馆 CIP 数据核字 (2015) 第 226448 号

【典藏新中式（第二辑）】——中式餐厅 Ⅱ

◎ 编委会成员名单
主　　编：贾　刚
编写成员：贾　刚　王　琳　郭　婧　刘　君　贾　濛　李通宇　姚美慧　李晓娟
　　　　　刘　丹　张　欣　钱　瑾　翟继祥　王与娟　李艳君　温国兴　曾　勇
　　　　　黄京娜　罗国华　夏　茜　张　敏　滕德会　周英桂　李伟进　梁怡婷
◎ 丛书策划：金堂奖出版中心
◎ 特别鸣谢：思联文化 + 柳素荣

中国林业出版社 · 建筑分社

责任编辑：纪　亮　干思源
联系电话：010-8314 3518

出版：中国林业出版社
（100009 北京西城区德内大街刘海胡同 7 号）
http://lycb.forestry.gov.cn/
E-mail：cfphz@public.bta.net.cn
电话：（010）8314 3518
发行：中国林业出版社
印刷：北京利丰雅高长城印刷有限公司
版次：2016 年 1 月第 1 版
印次：2016 年 1 月第 1 次
开本：235mm×235mm，1/12
印张：16
字数：100 千字
本册定价：220.00 元（全套 8 册：1760.00 元）

鸣谢

因稿件繁多内容多样，书中部分作品无法及时联系到作者，请作者通过编辑部与主编联系获取样书，并在此表示感谢。